Ernst Probst

Die Salzmünder Kultur

Eine Kultur der Jungsteinzeit
vor etwa 3.700 bis 3.200 v. Chr.

*Allen Prähistorikern und Prähistorikerinnen gewidmet,
die mich bei meinen Büchern über die Steinzeit unterstützt haben*

Impressum:
Die Salzmünder Kultur
1. Auflage als Print-Buch: Mai 2019
Autor: Ernst Probst
Im See 11, 55246 Mainz-Kostheim
Telefon: 06134/21152
E-Mail: ernst.probst (at) gmx.de
Herstellung: Amazon Distribution GmbH, Leipzig
Alle Rechte vorbehalten
ISBN: 978-1-099-00660-9

*Keramik der Salzmünder Kultur
aus dem Ortsteil Zauschwitz von Weideroda (Kreis Leipzig)
in Sachsen.
Foto: Einsamer Schütze / CC-BY-SA4.0
(via Wikimedia Commons),
lizensiert unter Creative-Commons-Lizenz by-sa-4.0-de,
https://creativecommons.org/licenses/by-sa/4.0/legalcode*

Blick auf Salzmünde (vorne) und Schiepzig (dahinter) in Sachsen-Anhalt.
Foto: Pomfuttge / CC-BY-SA3.0 (via Wikimedia Commons), lizensiert unter Creative-Commons-Lizenz by-sa-3.0-de, https://creativecommons.org/licenses/by-sa/3.0/legalcode

Vorwort

Salzmünde-Schiepzig in Sachsen-Anhalt spielt in dem Taschenbuch „Die Salzmünder Kultur" eine wichtige Rolle. Denn dort lebten und starben in der Jungsteinzeit auf einer Hochfläche immer wieder Ackerbauern und Viehzüchter. Im vorliegenden Taschenbuch geht es um die erst 2014 benannte Kulturstufe Schiepziger Gruppe (etwa 4.200 bis 3.700 v. Chr.) und um die bereits 1938 aus der Taufe gehobene Salzmünder Kultur (etwa 3.700 bis 3.200 v. Chr.). Die Angehörigen der Schiepziger Gruppe und der Salzmünder Kultur praktizierten einen rätselhaften Totenkult, bei dem teilweise schon bestattete Menschen nach einer gewissen Zeit an anderer Stelle erneut zur letzten Ruhe gebettet wurden. Erstaunlich oft legte man den Toten der Schiepziger Gruppe ihre Hunde mit ins Grab. Die Salzmünder Leute errichteten mühsam mit Gräben, Wällen und Palisaden befestigte Siedlungen, die man Erdwerke nennt. Reich verziert waren ihre Prunkäxte und ihre einst mit Tierhäuten bespannten Tontrommeln. Bestattungen hat man vielfach mit einem dicken Scherbenpflaster bedeckt. Bei Schädelbestattungen fehlte meist der Unterkiefer. Vieles ist noch rätselhaft. Ernst Probst hat 1991 das Buch „Deutschland in der Steinzeit veröffentlicht. 2019 befasste er sich mit einzelnen Kulturen und Kulturstufe der Steinzeit.

Prähistoriker Paul Grimm (1907–1993).
Foto: Dr. Paul Grimm, Berlin

Die Salzmünder Kultur

Im unteren und mittleren Saalegebiet und vereinzelt bis in das Leipziger und Altenburger Gebiet in Mitteldeutschland existierte von etwa 3.700 bis 3.200 v. Chr. die Salzmünder Kultur. Sie gilt als ein weiterer Zweig der Trichterbecher-Kultur, weil in ihr die Trichterrandschalen auftreten. Der Begriff Salzmünder Kultur wurde 1938 von dem damals in Halle/Saale tätigen Prähistoriker Paul Grimm (1907–1993) in einem Beitrag der „Jahresschrift für mitteldeutsche Vorgeschichte" geprägt. Namengebender Fundort ist die Höhensiedlung von Salzmünde-Schiepzig (Saalekreis) in Sachsen-Anhalt, in der auch Bestattungen entdeckt wurden. Als Leitformen gelten Henkelkannen vom Opperschöner Typus, Amphoren, Trichterrandschüsseln und Tontrommeln.

Mehr als zwei Jahrzehnte nach der Benennung der Salzmünder Kultur wurden Zweifel an deren Existenz laut. Der Prähistoriker Heinz Knöll (1911–1991) bezweifelte sie 1959 als „aus Einzelelementen aufgebaute Konstruktion" und riet dazu, sie „wieder in ihre Bestandteile aufzulösen". Doch Knöll hatte sich geirrt. Auch heute noch gilt die Salzmünder Kultur als eine Kultur der Jungsteinzeit.

Im Buch „Deutschland in der Steinzeit" (1991) des Wiesbadener Wissenschaftsautors Ernst Probst hieß es, die Salzmünder Kultur sei aus der Baalberger Kultur (etwa 4.300 bis 3.700 v. Chr.) hervorgegangen. Nach Ansicht des Prähistorikers Jonas Beran dagegen hat sich die Salzmünder Kultur aus der Hutberg-Gruppe entwickelt. Bei letzterer handelt es sich um eine Regionalgruppe der Trichterbecher-Kultur, die nach dem

Großsteingräber der Trichterbecher-Kultur in der Altmark, abgebildet in Johann Christoph Bekmann, Bernhard Ludwig Bekmann: Historische Beschreibung der Chur und Mark Brandenburg nach ihrem Ursprung, Einwohnern, Natürlichen Beschaffenheit, Gewässer, Landschaften, Städten, Geistlichen Stiftern etc. ... Band 1, Berlin 1751

Fundort Hutberg bei Wallendorf (Saalekreis) in Sachsen-Anhalt bezeichnet ist. Die Siedlung am Hutberg wurde beim Schotterabbau entdeckt sowie 1938 und 1939 von dem umstrittenen Naturwissenschaftler, Priester und Nationalsozialisten Friedrich Benesch (1907–1991) ausgegraben. Seine Doktorarbeit von 1941 trug den Titel „Die Festung Hutberg. Eine jungnordische Mischsiedlung bei Wallendorf, Kreis Merseburg". Bei der Siedlung am Hutberg handelte sich um eine Befestigungsanlage (Erdwerk) mit einem äußeren und inneren Wall. Die Wälle umschlossen eine aus drei kleinen Gipfeln (Hügel 1, 2 und 3) bestehende Erhöhung. Im Innern der Anlage stieß man auf 76 Gruben, die teilweise als Abfallgruben, Vorratsgruben, Wohngruben und Herdgruben dienten. In fünf Gruben lagen menschliche Skelettreste. Eine weitere Siedlung der Hutberg-Gruppe befand sich in der Dölauer Heide in Sachsen-Anhalt. Die Hutberg-Gruppe existierte in der Übergangsphase zwischen der Baalberger Kultur und der Salzmünder Kultur. Ihre Leitform ist eine Form der stichverzierten Knickwandschüsseln.

Siedlungen der Salzmünder Kultur wurden meist im Flachland, vereinzelt aber auch auf Anhöhen errichtet. Die Höhensiedlungen hat man mit Gräben, Wällen und Palisaden befestigt. Solche Befestigungen bzw. Erdwerke kennt man bei Salzmünde-Schiepzig, auf dem Goldberg bei Mötzlich und von Landsberg-Gollma (alle drei Saalekreis), auf dem Kahlenberg bei Quenstedt (Kreis Mansfeld-Südharz) und von Bernburg-Peißen (Salzlandkreis), alle in Sachsen-Anhalt gelegen. Die mit großem Arbeits- und Zeitaufwand befestigten Höhensiedlungen sprechen dafür, dass es in dieser Kultur bereits größere, gut organisierte Gemeinschaften gab. Antriebskraft für derartige Befestigungen dürfte die Furcht vor Überfällen gewesen

Rekonstruktion eines jungsteinzeitlichen Langhauses im „Tiergarten Straubing" in Bayern.
Foto: MoatlNdb / CC-BY3.0 (via Wikimedia Commons), lizensiert unter Creative-Commons-Lizenz by-3.0, https://creativecommons.org/licenses/by/3.0/legalcode

sein. Die bis zu 15 Meter langen Häuser der Salzmünder Kultur waren merklich kleiner als die Langhäuser der Linienbandkeramischen Kultur (etwa 5.500 bis 4.900 v. Chr.) mit bis zu 40 Meter Länge und der Rössener Kultur (etwa 4.600-4.300 v. Chr.) mit bis zu 65 Meter Länge. Die namengebende Höhensiedlung Salzmünde-Schiepzig wurde von 1924 bis 1936 nur unvollständig untersucht. Sie lag im äußersten Nordwesten der Bennstedt-Nietlebener Platte, etwa 10 Kilometer nordwestlich der Altstadt von Halle/Saale. Die Hochfläche, auf der sich das Erdwerk der Salzmünder Kultur erstreckte, wird im Norden und Osten durch den Fluss Saale begrenzt und im Westen durch den Fluss Salza. Ein 2.200 Meter langer Außengraben und ein 2.100 Meter langer Innengraben umgaben ein rund 37 Hektar großes ovales oder herzförmiges Areal. Die Fläche zwischen beiden Gräben erreichte etwa 5 Hektar.

Die Erforschung des Erdwerks der Salzmünder Kultur gestaltete sich schwierig. Anfangs bestand der namengebende Fundplatz nur aus mehreren Einzelfundstellen. Zwei Kiesgruben befanden sich im Norden in der Gemarkung Schiepzig (Fundstellen 1 und 2). Eine dritte Kiesgrube lag etwa 400 Meter weiter südlich in der Gemarkung Benkendorf (Fundstelle Benkendorf 1). Ursprünglich erfolgten größtenteils in der Fundstelle 2 von Schiepzig die Ausgrabungen. Eine weitere Kiesgrube wurde bereits vor 1850 ausgebeutet. Früher hatte man dort dutzendweise menschliche Schädel entdeckt. Durch die Kiesgruben kamen einerseits immer wieder neue Funde zutage, andererseits wurden viele Fundorte für immer zerstört. Der Nordteil des Erdwerks lag – wie man inzwischen weiß – in der Gemarkung Schiepzig, der Südteil in der Gemarkung Benkendorf. Die Ortsteile Salzmünde, Pfützthal

*Schwedischer Prähistoriker
Nils Hermann Niklasson (1890–1966).
Foto: Porträt aus der ersten Hälfte
des 20. Jahrhunderts*

und Quillschina der Gemeinde Salzmünde hatten mit dem Erdwerk nichts zu tun.
Von 1921 bis 1953 erfolgten immer wieder Untersuchungen des Erdwerks in nördlich gelegenen Kiesgruben von Schiepzig. In dem Beitrag „Zur Erforschung der Salzmünder Kultur" von Helge Jarecki und Andrea Moser in dem faktenreichen Werk „Salzmünde-Schiepzig – ein Ort, zwei Kulturen" werden die Ausgrabungen aufgelistet. Als frühe Ausgräber in Schiepzig betätigten sich der schwedische Prähistoriker Nils Hermann Niklasson (1890–1966) in den Jahren 1921, 1923, 1926, 1927 und Paul Grimm 1930–1936, 1938 mit Niklasson, 1940 mit Wilhelm Albert von Brunn und allein 1950. Weitere Ausgräber in Schiepzig waren 1943 die Schüler Hoppe und Möritz, 1943 der Präparator W. Henning, 1948 die Prähistoriker Gerhard Mildenberger (1915–1992) und Friedrich Schlette (1915–2003), 1950 Waldemar Matthias, 1950 erneut Friedrich Schlette und 1953 wieder Waldemar Matthias.
1964 baute man in Salzmünde-Schiepzig großflächig Kiese und Sande ab, weil diese für den Bau von Halle-Neustadt benötigt wurden. Dabei wurden knapp 20 Hektar und somit fast die Hälfte der Fundstelle – nämlich weite Teile der Innenfläche und die gesamte Ostflanke des Erdwerks – zerstört. Archäologen waren im betreffenden Gebiet nicht aktiv.
Der erwähnte Prähistoriker Paul Grimm hat anhand von Pfostenlöchern in Salzmünde-Schiepzig vier oder fünf „besonders schiefwinkelige" 30 bis 40 Quadratmeter große Hausgrundrisse rekonstruiert. „Kein neolithischer ‚Bauer würde in einem solchen windschiefen Verschlag hausen wollen", kritisierten 2014 Ralph von Rauchhaupt und Peter Viol. Grimm hatte Pfostenbauten um vermutete Herdgruben oder Herdstellen rekonstruiert. Doch zum Zeitpunkt der Ausgrabungen

in den 1920er und 1930er Jahren existierten die alten Fußböden wegen Bodenabtrags schon längst nicht mehr. Im von Grimm rekonstruierten vermeintlichen „Haus IV" befand sich angeblich eine Hockerbestattung mit Scherbenpackung. Von dort könnten vielleicht die drei Scherben mit der Darstellung eines Bogenschützen und drei Vierbeinern stammen. Heute vermutet man, die Grimmschen Hausgrundrisse könnten zu einem älteren Erdwerk der Rössener Kultur gehören.

Der erste von der Fachwelt anerkannte Hausgrundriss der Salzmünder Kultur wurde in Esperstedt (Saalekreis) in Sachsen-Anhalt entdeckt. Er stammte von einem 11 Meter langen und 5,50 Meter breiten zweischiffigen Gebäude. In einem der Pfostenlöcher lag das Fragment einer Henkelschale der Salzmünder Kultur.

Bei den Ausgrabungen von 2005 bis 2008 hat man bei Salzmünde-Schiepzig Hausgrundrisse der Stichbandkeramischen Kultur (etwa 4.900 bis 4.500 v. Chr.), der Rössener Kultur (etwa 4.600 bis 4.300 v. Chr.), vermutlich der Schiepziger Gruppe (etwa 4.200 bis 3.700 v. Chr.), der Salzmünder Kultur und der frühbronzezeitlichen Aunjetitzer Kultur (etwa 2.300 bis 1.600/ 1.500 v. Chr.) nachgewiesen. Etwa 14 Meter nördlich des Innengrabens und mehr als 100 Meter östlich einer Toranlage des Erdwerks konnte man aus einigen Pfostenspuren einen Hausgrundriss der Salzmünder Kultur rekonstruieren. Es handelte sich um ein zweischiffiges 9,70 Meter langes und 5,80 Meter breites Gebäude mit einer Fläche von rund 58 Quadratmetern. Eine Pfostengrube enthielt Keramik der Salzmünder Kultur. Rund 300 Meter nördlich des Tores wurden unter Hunderten von Pfostenlöchern zwei Hausgrundrisse der Salzmünder Kultur erkannt. Ein zweischiffiges Gebäude hatte mindestens

11 Meter Länge, 5,20 Meter Breite und eine Fläche von 57 Quadratmetern. Ein weiteres zweischiffiges und rechteckiges Gebäude maß 15 Meter Länge und 5,70 Meter Breite. Nachdem bei den Untersuchungen von 1997 im Erdwerk von Salzmünde-Schiepzig mehr als zwei Dutzend Bestattungen der Salzmünder Kultur vorgefunden wurden, fragte man sich, ob diese Anlage multifunktionell gewesen sein könnte. An der Westseite des Erdwerks befanden sich in beiden Gräben Holzkohlereste, die von einem Brand in der Nähe stammen. Von der Höhensiedlung auf dem Goldberg bei Mötzlich hat der damals in Halle/Saale wirkende Prähistoriker Paul Grimm bereits 1938 Keramikreste beschrieben. In jenem Jahr machte er auch vereinzelte Keramikreste von der Höhensiedlung auf dem Kahlenberg bekannt. Das Erdwerk von Bernburg-Peißen war etwa 12 Hektar groß und jenes von Landsberg-Gollma ungefähr 10 Hektar.

Auf die Jagd mit Pfeil und Bogen lassen Keramikreste aus Salzmünde-Schiepzig schließen, auf denen ein Bogenschütze und stilisierte vierfüßige Tiere zu erkennen sind. In erster Linie waren die Salzmünder Leute jedoch Ackerbauern und Viehzüchter. Sie säten und ernteten Emmer, Einkorn und sechszeilige Gerste. Als Haustiere hielten sie Rinder, Schafe, Ziegen und Schweine. Hunde waren Spielgefährten, Begleiter bei der Jagd und Hüter des Hauses.

Die Salzmünder Leute trugen Halsketten mit durchbohrten Zähnen von Hunden als Anhänger. Zwei Kinder in Salzmünde-Schiepzig bestattete man mit einer um die Hüfte geschlungenen Kette aus Hundezähnen. Manche dieser Ackerbauern und Viehzüchter erwarben möglicherweise auf dem Tauschweg kupferne Spiralen und schmücken sich damit. Eine solche Kup-

Musikanten mit verzierten und mit Tierhäuten
bespannten Tontrommeln der Salzmünder Kultur in Sachsen-Anhalt.
Die Trommeln wurden mit bloßen Händen geschlagen.
Zeichnung: Fritz Wendler (1941–1995)
für das Buch „Deutschland in der Steinzeit" (1991)
von Ernst Probst

ferspirale lag in einem Grab im Siebenhügel von Köttichau (Burgenlandkreis) in Sachsen-Anhalt. Jenes Grab wurde 1960 durch den Prähistoriker Gerd Billig aus Halle/Saale untersucht. Zum Fundgut einer Grabgrube mit neun Bestattungen in Salzmünde-Schiepzig gehörten unter anderem ein mutmaßlicher Ohrring und ein Spiralring, beide aus Kupfer.
Nach den Funden zu schließen, hat die Salzmünder Kultur auch einige Kunstwerke hervorgebracht. Die bereits erwähnten Keramikreste von Salzmünde-Schiepzig mit der Darstellung eines Bogenschützen und vierbeinigen Tieren gelten als die älteste Darstellung einer Jagd in Mitteldeutschland. Bei den Tieren könnte es sich um Jagdhunde oder um Wildtiere handeln. Es ist unsicher, ob man diese Keramikreste 1921, 1926/1927 oder 1938 geborgen hat. Auch der genaue Fundort ist umstritten, weil es in Salzmünde-Schiepzig drei oder mehr Stellen mit der arabischen Zahl 4 oder der römischen Zahl IV gegeben hat. Eine weitere Ritzzeichnung – „vier Beine auf Keramik" – aus der Grabung von Niklasson wurde 1926 entdeckt. Außerdem fand man in Salzmünde-Schiepzig zwei Fragmente von Tonfiguren mit Beinen und Füßen eines Menschen. Auf einer Amphore von Salzmünde-Schiepzig sind ein Hirsch und vielleicht auch ein Hund dargestellt. In einer Siedlungsgrube von Egeln-Nord barg man eine Amphore mit der Ritzzeichnung einer menschlichen Figur und einer mutmaßlichen Hundemeute.
Auf Musik und Tanz deuten zwei Dutzend oft prächtig verzierte Tontrommeln hin, die einst mit Tierhäuten bespannt waren. Wahrscheinlich sorgten die Trommler für den Rhythmus bei kultischen Tänzen. Da Reste von Tontrommeln aber häufig in Gräbern geborgen wurden, könnten sie im Totenkult eine wichtige Rolle gespielt haben.

*Keramik der Salzmünder Kultur
aus dem Ortsteil Zauschwitz von Weideroda (Kreis Leipzig)
in Sachsen.
Foto: Einsamer Schütze / CC-BY-SA4.0 (via Wikimedia Commons),
lizensiert unter Creative-Commons-Lizenz by-sa-4.0-de,
https://creativecommons.org/licenses/by-sa/4.0/legalcode*

Die Tontrommeln hat man auf der Außenseite mit Ornamenten geschmückt. Auf manchen dieser Musikinstrumente sind außer flächenfüllenden Mustern auch Einzelornamente – wie ein einfaches Balkenkreuz, Kreuz-, Anker-, Bogen oder Sonnenmuster – eingeritzt.
Unter den Tongefäßen der Salzmünder Kultur sind vor allem Kannen mit zylindrischem, langgestrecktem Hals und weitgespanntem Henkel typisch. Manchmal besaßen sie sogar zwei Henkel. Diese Gefäße trugen auf der Schulter eine Ritz-, Stich- oder Furchenstichverzierung. Kannen sind in vielen Gräbern der Salzmünder Kultur die einzige Beigabe.
Vor der Einführung des Namens Salzmünder Kultur sprach man von Opperschöner Kannen oder vom Opperschöner Typus. Damit nahm man Bezug auf entsprechende Funde von der Wüstung Opperschöner Mark zwischen Nienberg und Spickendorf (Saalekreis) in Sachsen-Anhalt. Der Begriff Opperschöner Kannen bzw. Opperschöner Typus wurde 1925 von dem damals in Halle/Saale wirkenden schwedischen Prähistoriker Nils Hermann Niklasson geprägt.
Zum Formenschatz der Salzmünder Keramik gehörten außerdem Henkeltassen, Trichterrandschalen mit Verzierung am Wandungsknick und auf der Randinnenzone, ritzverzierte Amphoren mit zwei oder vier Henkeln, Töpfe und vereinzelt flache Tonscheiben („Backteller").
Im Gegensatz zur Keramik der Baalberger Kultur (etwa 4.300–3.700 v. Chr.), die ganz selten verziert war, ist etwa die Hälfte der Salzmünder Tongefäße verziert. Die Verzierung beschränkte sich zumeist auf die Schulter- und Randpartie. Besonders beliebt waren rundliche Knubben auf der Außenseite der Tongefäße.

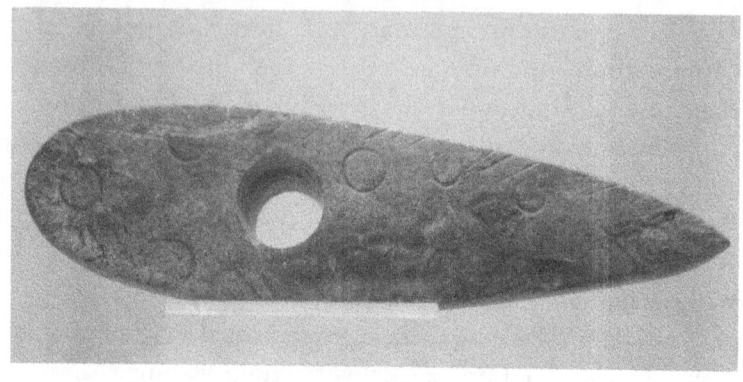

*Verzierte Prunkaxt der Salzmünder Kultur
aus dem Ortsteil Günzerode von Werther (Kreis Nordhasuen)
in Thüringen.* Die Symbole werden von manchen Prähistorikern
astronomisch-kalendarisch gedeutet.
Original im Museum für Vor- und Frühgeschichte, Berlin
Foto: Einsamer Schütze) CC-BY-SA3.0 (via Wikimedia Commons),
lizensiert unter Creative-Commons-Lizenz by-sa-3.0-de,
https://creativecommons.org/licenses/by-sa/3.0/legalcode

Unter den Ornamenten gab es häufig senkrecht angeordnete Liniengruppen und Leiterbänder. An Gefäßrändern und anderen Stellen brachte man mehrfach Zickzackmuster und Stichreihen an. Außerdem schmückte man manche Tongefäße mit punktgefüllten Dreiecken oder in seltenen Fällen mit einem Flechtbandmuster. Als Einzelelement erschien unter anderem ein Tannenzweig- oder Hufeisenmotiv.

Die Menschen der Salzmünder Kultur schufen und benutzten Werkzeuge aus Feuerstein und Knochen. Aus Feuerstein schlugen sie Kratzer, Schaber und Beilklingen zurecht. Letztere versah man mit einem Holzschaft als Griff. Da die Beilklingen aus Feuerstein undurchbohrt blieben, spaltete man den Schaft ab seinem Ende, zwängte die Beilklinge hinein und band sie fest. Aus Knochen wurden vielfach Pfrieme zum Durchlochen von weichem Material geschnitzt.

Bei den sorgfältig zurechtgeschliffenen Äxten und Beilen aus Wiedaer Schiefer und anderen Felsgesteinarten handelte es sich wohl kaum um Werkzeuge, sondern um Waffen. Diesen Äxten und Beilen gab man zunächst durch Abschlagen von kleinen Teilen die Rohform und dann durch Schleifen die Endform. Solche Felsgesteinäxte wurden durchbohrt, damit sie den Holzschaft aufnehmen konnten.

Wie eine Prunkaxt aus dem 1863 entdeckten Steinkammergrab von Ammendorf-Radewell (Stadtkreis Halle/Saale) in Sachsen-Anhalt zeigt, hat man solche Äxte aus Felsgestein mitunter kunstvoll verziert. Sie wurde auf der Oberseite durch ein Kreis- und Tannenzweigmuster verschönert. Das für die Aufnahme des Holzschaftes bestimmte Loch ist von einer eigenartigen, kreisrunden Figur umgeben. Vielleicht war dieses ungewöhnliche Stück im Besitz eines vornehmen Kriegers oder Häuptlings. Eine andere in einem Steinkammergrab von Wegewitz (Saalekreis) in Sachsen-Anhalt gefundene und 1922 beschriebene Prunkaxt trug neben Kreisen, einem Winkel- und Tannenzweigmuster noch zwei hufeisenartige Gebilde, die mit senkrechten Strichen gefüllt sind. Eine weitere Prunkaxt aus grauem Schiefer von Strodehne (Kreis Havelland) in Brandenburg war auf beiden Seiten mit flach eingetieften Kreisen verziert, die einen Durchmesser von 1,1 Zentimeter haben. Die betreffende Axt ist 15,2 Zentimeter lang, 4,1 Zentimeter breit und maximal 2,3 Zentimeter dick. Die Durchbohrung für den Schaft hat einen Durchmesser von 1,9 Zentimeter.

In Gräbern der Salzmünder Kultur kamen auch vereinzelt Kupfererzeugnisse zum Vorschein. Gefunden wurden ein Pfriem sowie Spiralröllchen, Spiralarmringe und ein offener Armring.

Die Salzmünder Leute bestatteten ihre Toten in den Siedlungen und auf Friedhöfen. Sie betteten die Verstorbenen in Gruben, Erdgräbern, unter Grabhügeln, in Steinkistengräbern, Gräbern unter Steinpackungen oder mit Steineinfassung zur letzten Ruhe. Dabei hielten sie sich an keine festen Regeln bei der Ausrichtung des Leichnams und der Blickrichtung des Gesichtes.

Eine Eigenart der Salzmünder Bestattungen war, dass diese vielfach von einem dicken Scherbenpflaster umgeben und bedeckt waren. Offenbar gehörte es zur Bestattungssitte, den Leichnam mit absichtlich zerbrochenen Keramikresten zu überhäufen. So hatte man beispielsweise einen jugendlichen Toten von Reichardtwerben (Burgenlandkreis) in Sachsen-Anhalt mit Scherben im Gesamtgewicht von 16,5 Kilogramm überschüttet. Die Bestattung auf dem Janushügel von Reichardtswerbern wurde 1957 durch die Ethnologin Ursula

Schlenther (1919–1979) aus Berlin ausgegraben. Vielleicht stammten die Scherbenpflaster von jenen Tongefäßen, aus denen bei der Totenfeier gegessen und getrunken wurde. Oder wollte man damit das persönliche Geschirr des Verstorbenen unbrauchbar machen? Die Beigaben für die Toten fielen in der Regel spärlich aus. Meist legte man nur ein einziges Tongefäß mit ins Grab, selten mehrere.
Besonders viele Bestattungen entdeckte man im Erdwerk bei Salzmünde-Schiepzig in den untersuchten Grabenabschnitten. Darin lagen insgesamt 45 menschliche Schädel, die meist von Jugendlichen stammen. Von vier Fällen abgesehen fehlen die Unterkiefer. An 25 Stellen stieß man auf menschliche Skelettteile, die meist nicht mehr in anatomischem Verband waren. Teilweise beobachtete man merkwürdige Positionen bei den Bestatteten. Bei den unvollständig vorgefundenen menschlichen Überresten handelte es sich um Umbettungen (Sekundärbestattungen). Man bewahrte die Leichen von Verstorbenen zunächst an anderer Stelle auf, bevor Teile von ihnen in die Gräben des Erdwerks gebracht wurden. 15 Gefäßdepots bestanden aus Opperschöner Kannen, Amphoren, oder Tontrommeln. Weitere Funde waren Geweihstangen von Hirschen und Rehböcken sowie Hornzapfen von Rindern.
Ein besonders seltener Fund gelang im inneren Graben des Erdwerkes bei Salzmünde-Schiepzig. In Nähe von 18 menschlichen Schädeln und anderer Skelettreste entdeckte man den Schädel eines sieben bis acht Jahre alten Pferdes ohne Unterkiefer. Er gilt als der älteste jungsteinzeitliche Pferdeschädel in Mitteldeutschland. Weil die für einen Hengst typischen Eckzähne fehlen, handelt es sich um eine Stute. Pferdeknochen aus der Zeit um 4.000 v. Chr. gelten nach Ansicht von Experten als Wildpferde, ab 3.000 v. Chr. dagegen als

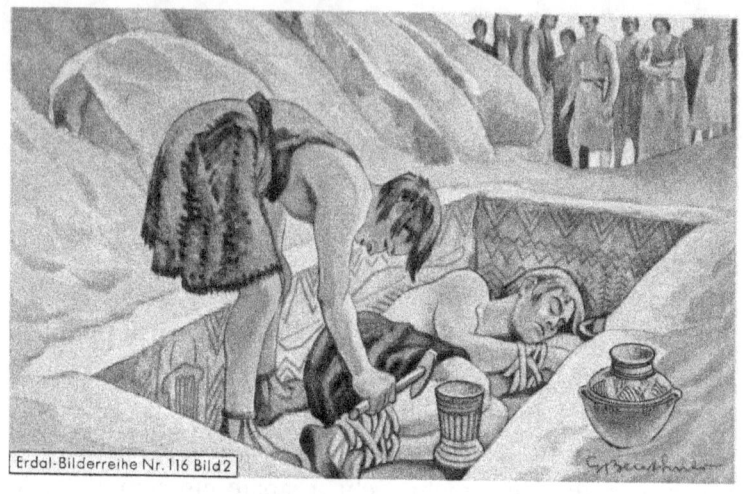

*Steinkiste von Leuna-Göhlitzsch (Saalekreis)
in Sachsen-Anhalt.
Dieses Grab wird von manchen Autoren
der Salzmünder Kultur zugerechnet.
Zeichnung von Gerhard Beuthner (1867–nach 1935)
im Erdal-Bilderbuch „Aus Deutschlands Vorzeit" (1937)
von Erich Lissner (1902–1980)*

Wandplatte aus dem Steinkammergrab von Leuna-Göhlitzsch (Saalekreis) in Sachsen-Anhalt mit Darstellung von Pfeilen im Köcher, einem querliegenden Bogen und darunter einem Teppichmuster aus vier Feldern und Zickzacklinien.
Original im Landesmuseum für Vorgeschichte Halle/Saale.
Foto: Carl Schuchhardt: Deutsche Vor- und Frühgeschichte in Bildern, München/Berlin 1936.

Hauspferde. Wann Wildpferde in Mitteldeutschland ausgestorben sind, weiß man nicht genau. Bei dem Pferdeschädel aus dem Erdwerk von Salzmünde-Schiepzig halten es Fachleute für möglich, dass es sich bereits um ein Hauspferd handelte. Wenn dies zuträfe, diente es vielleicht als lebender Fleisch-vorrat.

Einige Gräber im Norden des Erdwerks bei Salzmünde-Schiepzig enthielten unter anderem tönerne Spinnwirtel und Webgewichte. In einem Grab ruhte ein 40 bis 45 Jahre alter Mann, den man mit drei 13 bis 14 Zentimeter langen und 9,2 bis 11,2 Zentimeter dicken walzenförmigen Webgewichten und einem Spinnwirtel als Beigaben versehen hatte. Vielleicht arbeitete er zu Lebzeiten als Weber und man hatte ihm Teile seines Arbeitsgeräts mit ins Grab gelegt. An den Knochen des Mannes sind Verschleißerscheinungen sichtbar, die von der Arbeit am Webstuhl (gehockte Arbeitshaltung und monotoner Bewegungsablauf) stammen könnten. Zum „Grab 3690" gehörten vier Spinnwirtel, davon einer mit Strichverzierungen, zum „Grab 3693" ein Spinnwirtel und zum „Grab 3752" ein mit Winkeleinstichen verzierter Spinnwirtel.

„Befund 5529" im westlichen Bereich des Erdwerks bei Salzmünde-Schiepzig fällt aus dem Rahmen des Üblichen. Unter dem Skelett einer 20 bis 27 Jahre alten Frau und am nördlichen Rand ihrer Grabgrube lagen insgesamt 211 Muschelhälften und -fragmente. Einige davon wiesen Brandspuren auf. An der linken Hüfte der Frau befand sich ein Knochengerät zum Öffnen der Muscheln. Möglicherweise handelte es sich hier um eine Speisebeigabe.

Als „Befund 5530" bezeichnet man die Bestattung eines 40 bis 47 Jahre alten Mannes in einer nur 1 Meter mal 0,50 Meter kleinen Grabgrube bei Salzmünde-Schiepzig. Der Verstorbene war mit 1,85 Meter für seine Zeit erstaunlich groß. Man hat ihn in die kleine Grabgrube gezwängt.

Bei vier Frauen und fünf Kindern im Alter bis zu vier Jahren, die in einer Grabgrube im Erdwerk bei Salzmünde-Schiepzig bestattet wurden, könnte es sich um die Opfer eines Brandes handeln. Darunter war auch eine Schwangere. Die Skelettreste jener Toten wiesen teilweise Brandspuren auf.

Es kann aber nicht ausgeschlossen werden, dass diese neun Menschen bei Salzmünde-Schiepzig gezielt von Zeitgenossen getötet wurden. Zum Fundgut gehörten durchlochte Hundezähne, ein mutmaßlicher kupferner Ohrring und ein ebensolcher Spiralring. Über den neun Bestattungen befand sich eine Scherbenpackung mit insgesamt 7.919 Scherben von mindestens 34 Tongefäßen.

Auf Vorschlag des Restaurators Hartmut Freiherr von Wieckowski und unter seiner Anleitung wurde die Bestattung der neun Menschen in einem 1,60 mal 1,60 Meter großen Block geborgen. Nach Abschluss der Restaurierungsarbeiten in der Restaurierungswerkstatt konnte man diese Mehrfachbestattung auf der Oberseite komplett und auf der Rückseite teilweise durch zwei „Schaufenstern" betrachten.

Hartmut von Wieckowski wurde in der „DDR" aus politischen Gründen ein Studium verwehrt. Er stammte aus einem christlichen Elternhaus, war kein Mitglied der „Freien Deutschen Jugend" („FDJ") und verweigerte 1973 den Wehrdienst. 1979 verlor er wegen „politischer Untragbarkeit" seine Aufgabe als Schichtleiter einer Tiefbohranlage. Ab 1980 lernte er, historisches Kulturgut zu restaurieren. Anträge um Aufnahme in eine Schauspielschule und eines Fernstudiums im Studiengang Restaurierung/Konservierung wurden abgelehnt. 1988 erfolgte seine Zwangs-Ausbürgerung aus der „DDR". In der Bundes-

*Skelett eines Kleinstkindes und Grabbeigraben
aus dem Ortsteil Zauschwitz von Weideroda (Kreis Leipzig) in Sachsen.
Foto: Einsamer Schütze / CC-BY-SA4.0 (via Wikimedia Commons),
lizensiert unter Creative-Commons-Lizenz by-sa-4.0-de,
https://creativecommons.org/licenses/by-sa/4.0/legalcode*

republik ließ er sich von 1989 bis 1992 zum Restaurator am „Römisch-Germanischen Zentralmuseum Mainz" ausbilden. Von 1992 bis 1999 arbeitete er als Chef-Restaurator für das „RGZM" in China und danach freiberuflich als Restaurator. Rekordverdächtig ist eine zerbrochene ursprünglich 1,30 Meter hohe Amphore von Salzmünde-Schiepzig. Sie gilt als eines der größten jungsteinzeitlichen Tongefäße in Mitteldeutschland.
Bestattungen in Scherbenpackungsgräbern erfolgten in einem bestimmten Ritus. Für eine verstorbene Frau in Salzmünde-Schiepzig beispielsweise hob man eine Grabgrube aus. Die Tote wurde auf ein Fell oder ein Unterlage aus pflanzlichem Material gebettet. Dann zerschlug man rituell das persönliche Tongeschirr der Verstorbenen und verzehrte ein „Totenmahl". Vielleicht hat man sogar das Haus der Toten oder Teile davon zerstört. Der mit organischem Material bedeckte Leichnam wurden – eine Lage nach der anderen – mit Scherben von zerschlagenem Geschirr überdeckt. Ein Tierknochen diente vermutlich als Fleischbeigabe. Stücke gebrannten Lehms könnten von einer teilweisen oder vollständigen Zerstörung des Hauses der Toten stammen.
Bereits 1927 entdeckte man an „Stelle 4" innerhalb des Erdwerkes von Salzmünde-Schiepzig ein Opfer von Gewalt: den Schädel eines 20- bis 30jährigen Mannes mit zwei Frakturen auf dem Hinterkopf, die wohl von harten Schlägen mit einem stumpfen Gegenstand herrühren. Der erste Schlag bewirkte wohl Benommenheit oder Bewusstlosigkeit, der zweite heftigere Schlag den Tod. Dabei durchstießen scharfkantige Knochenfragmente die Hirnhaut, lösten starke Blutungen aus, an denen der Mann wahrscheinlich starb. Anzeigen einer Schädeloperation (Trepanation) sind nicht erkennbar.

Auch in Brachwitz (Saalekreis) in Sachsen-Anhalt sind die Verstorbenen innerhalb der Siedlung begraben worden. Dort konnte man insgesamt 15 Bestattungen nachweisen. Den Fried-hof von Brachwitz hat 1924 der damals in Breslau wirkende Prähistoriker Kurt Tackenberg (1899–1992) untersucht.

Im Forst Harth südlich von Leipzig wurden mehrere Hügelgräber der Salzmünder Kultur angelegt. Zu den schon seit langem bekannten Steinkistengräbern dieser Kultur zählen die beiden von der Wüstung Opperschöner Mark zwischen Niemberg und Spickendorf (Saalekreis) in Sachsen-Anhalt. Sie wurden bereits 1858 untersucht.

Rätsel geben vereinzelte Kinderbestattungen mit ungewöhnlich reichen Beigaben auf. Sie deuten darauf hin, dass in diesen Fällen ein Kind aus einer vornehmen und begüterten Familie mit entsprechendem Aufwand beigesetzt worden ist. Manche Prähistoriker halten derartige Bestattungen allerdings für Menschenopfer und verweisen auf den relativ hohen Anteil von Kindergräbern im Verbreitungsgebiet der Salzmünder Kultur. Zu diesen aus dem Rahmen fallenden Bestattungen gehört vor allem die von einem Kleinstkind im Ortsteil Zauschwitz von Weideroda (Kreis Leipzig) in Sachsen. Es wurde in einer fast kreisrunden Siedlungsgrube beerdigt und mit ungewöhnlich vielen Beigaben versehen. Der Grabungstechniker Claus Fritzsche vom „Landesmuseum für Vorgeschichte Dresden" barg 1978 unter anderem eine unverzierte Tontrommel, Salzmünder Keramik und Steinbeile.

Besonders auffällig sind die zusammen mit dieser Bestattung vorgefundenen Reste von zahlreichen Tierarten. So entdeckte man Skelettteile von mindestens fünf jungen Hunden und drei Wild- bzw. Hausschweinen, Reste von Schaf und Ziege, von

Auerochsen oder Rindern, vom Rothirsch, mindestens zehn Vogelknochen, Bruchstücke von hühner- bis gänsegroßen Vögeln und Reste von drei Sumpfschildkröten. Die jungen Hunde hatte man – nach Verletzungsspuren am Schädel zu schließen – beim Totenzeremoniell geopfert und verspeist. Auf dem Boden der Grube befanden sich zertrampelte Muschelschalen.
Als Beispiel einer weiteren rätselhaften Kinderbestattung lässt sich ein Befund bei Plotha (Burgenlandkreis) in Sachsen-Anhalt anführen. In diesem Fall hatte man einem Rind den Kopf auf den linken Oberschenkel zurückgedreht und über die hinteren Extremitäten einen Hund gelegt. Zusammen mit diesen Tierknochen wurden ein Oberarmknochen und das Beckenbruchstück eines etwa 14-jährigen Kindes geborgen. Auch hier könnte man ein Menschenopfer annehmen. Die Kinderbestattung von Plotha wurde 1960 durch den Chefrestaurator Waldemar Nitschke (2014 gestorben) aus Halle/Saale untersucht.
Außer diesen mutmaßlichen Opfern, mit denen man vielleicht das Wohlwollen überirdischer Mächte erflehen wollte, ist über die Religion der Salzmünder Kultur wenig bekannt.
Unsicher ist die Zugehörigkeit zur Salzmünder Kultur von zwei Zuggespannen aus Rindern jeweils mit einem Wagen im Braunkohletagebau bei Profen östlich von Zeitz (Burgenlandkreis) in Sachsen-Anhalt. Sie waren eine der Attraktionen bei der Sonderausstellung „3300 BC – Mysteriöse Steinzeittote und ihre Welt" im „Landesmuseum für Vorgeschichte Halle" vom 14. November 2013 bis 18. Mai 2014.

Die Schiepziger Gruppe

Lange Zeit wurde nicht erkannt, dass unter den Funden aus dem Erdwerk bei Salzmünde-Schiepzig auch Objekte waren, die nicht zur Salzmünder Kultur gehörten. Der bereits erwähnte Prähistoriker Paul Grimm hatte 1938 diese weitgehend unverzierte und zerscherbte Keramik der von ihm erstmals beschriebenen Salzmünder Kultur zugeordnet. Dass es sich dabei um Hinterlassenschaften einer bis dahin unbekannten Kulturstufe der Jungsteinzeit handelte, ahnte er nicht. 1985 stieß man bei Vorfelduntersuchungen im niedersächsischen Tagebau Schöningen (Kreis Helmstedt) auf nicht sehr umfangreiche Siedlungshinterlassenschaften, die sich keiner der bis dahin bekannten Kulturen bzw. Gruppen der Jungsteinzeit zuordnen ließen. 1991 erkannte der damals in Halle/Saale arbeitende Prähistoriker Jonas Beran, dass ein Teil der Keramik von Salzmünde-Schiepzig stark derjenigen aus zwei Siedlungsgruben im Tagebau Schöningen ähnelte. Deswegen rechnete er in seiner Doktorarbeit über die Stellung der Salzmünder Kultur beide Fundorte der Schöninger Gruppe zu. Bei weiteren Grabungen in Salzmünde-Schiepzig kamen neue Funde dieser Gruppe zum Vorschein. Die Prähistoriker Tosten Schunke und Peter Viol (beide Halle/Saale) schlugen deswegen 2014 den Begriff Schiepziger Gruppe vor.

Leitformen der Schiepziger Gruppe sind Trichterrandschüsseln, Steilrandbecher, Schlauchkrüge, Töpfe mit S-förmigem Profil und Amphoren. Schlauchkrüge haben ein langes, sich nach oben nur wenig verjüngendes Oberteil. Das kalottenförmige bis halbkugelige Unterteil hat einen massiven Henkel.

Mit Hilfe der Radiokarbon-Methode wurde für die Funde der Schiepziger Gruppe in Salzmünde-Schiepzig ein Zeitraum zwischen etwa 4.200 und 3.700 v. Chr. ermittelt. Weitere Fundorte der Schiepziger Gruppe kennt man aus Freckleben und Gatersleben (beide Salzlandkreis), Libehna (Kreis Anhalt-Bitterfeld) und Karsdorf (Burgenlandkreis).

Die Schiepziger Leute fertigten Werkzeuge aus Felsgestein (Beile, Dechsel, Mahlsteine), Feuerstein (Klingen, Einsätze für Erntesicheln) und Geweih (Geräte zum Retuschieren von Feuerstein) an. Aus der Werkstatt eines Silexhandwerkers in Salzmünde-Schiepzig stammen Tausende kleiner Silexabsplisse, drei Retuscheure aus Horn, Steingeräte und Tierknochen.

Als Schmuckstücke sind durchlochte Hundezähne, Hirschgrandeln, Perlmuttscheiben, Perlen aus Marmor, Gagat oder Sapropelith bekannt. Ein in Salzmünde-Schiepzig bestatteter Junge trug offenbar eine mit durchlochten Hundezähnen verzierte Kopfbedeckung. In einem anderen Grab von Salzmünde-Schiepzig lagen 75 Perlmuttplättchen von einem bestickten Kissen oder vom Kopfschmuck. Im Grab eines Mannes von Salzmünde-Schiepzig befand sich eine Gürtelschnalle aus Marmorgestein vor dem Becken und der Hüfte des Verstorbenen.

Manche Funde aus Gruben und Gräbern in Salzmünde-Schiepzig lieferten Hinweise auf Fischfang und Jagd zur Zeit der Schiepziger Gruppe. In einer Grube barg man Unterkiefer- und Wirbelknochen mehrerer Hechte und Welse. An anderer Stelle wurden Fischknochen vom Wels entdeckt. Diese Raubfische stammten sicherlich aus der Saale. Im Grab eines 40 bis 47 Jahre alten Mannes lag neben Werkzeugen aus Horn, Feuerstein und Knochen ein knöcherner Angelhaken und ein Teil, das als Spule einer Angel gedeutet wird. Womöglich war

Bild auf Seite 35:

Totenfest „Feast of the Death" der Huronen mit sekundärer Bestatttung. Abbildung aus dem zweibändigen Werk „Moeurs des sauvages amériquains" (1724) des französischen Jesuiten Joseph François Lafitau (1681–1746). Bild: (via Wikimedia Commons), Lizenz: gemeinfrei (Public domain)
Der französische Jesuit Jean de Brébeuf (1593–1649) hat im Frühling 1636 bei einem „Totenfest" der zu den Huronen gehörenden Wyandot eine Sekundärbestattung gesehen. Brébeuf lebte seit 1626 bei den Huronen am Huronsee in Kanada. Er starb später am Marterpfahl durch Irokesen, nachdem diese bei einem Kampf mit Huronen seine Missionsstation überfallen hatten. Vor dem von Brébeuf beobachteten „Totenfest" wählten die Ältesten der Huronen einen Platz für das „Feast of the Dead" aus. Dann exhumierte man die mehr oder weniger verwesten Toten der an der Zeremonie beteiligten Dörfer, bahrte die Überreste auf und befreite die Knochen von anhaftenden Weichteilen. Die Reste der Weichteile und erhalten gebliebener Textilien hat man verbrannt. Weibliche Verwandte des Verstorbenen säuberten die Knochen, wickelten sie mit Beigaben in Biberfelle ein und verliehen den Bündeln menschliche Umrisse. Erst unlängst Verstorbene beließ man, wie sie waren. Die Bündel hängte man bis zur Beisetzung im Kollektivgrab (Ossuarium) am Dachfirst auf oder legte sie auf den Fußboden des größten Langhauses. Das Kollektivgrab bestand meist aus einer tiefen Grube, um die man eine Holzplattform mit einem Gerüst erbaute. Dann öffnete man die Bündel noch einmal, betrauerte die Toten und legte weiter Beigaben hinzu. Nachdem der jeweilige Dorfhäuptling ein Zeichen gab, hängte man die Bündel mit den Skelettresten der Toten an das Gerüst, wo jedes Dorf seine Toten befestigte. Bei Sonnenaufgang wurden die Bündel vom Gerüst genommen, aufgewickelt und die Menschenknochen zusammen mit weiteren Beigaben in die Grube geschüttet. Dabei sollten sich die Reste der Toten vermischen. „Totenfeiern" der Huronen fanden etwa alle zehn bis zwölf Jahre statt.

der bestattete Mann ein Angler oder Knochenschnitzer gewesen. Eine Grube enthielt Reste mehrerer Birkhähne (Schulterblatt, Mittelhandknochen, Unterschenkel, Oberschenkel, Laufbein), welche Birkhuhnjagd belegen.

Alle bisher entdeckten Bestattungen der Schiepziger Gruppe sind innerhalb der Siedlung in Vorratsgruben erfolgt. Manche Verstorbene hat man nicht unmittelbar nach ihrem Tod bestattet, sondern in Einzelheiten unbekannte Bestattungsrituale praktiziert. Laut Claudia Damrau könnten diese Toten mehrfach umgebettet worden sein. Nach Torsten Schunke sind Verstorbene vielleicht zunächst in Totenhäusern oder auf Bäumen gelagert worden. Um 4.000 v. Chr. erfolgten auch in anderen jungsteinzeitlichen Kulturen oder Kulturstufen kurzfristige Aufbahrungen oder Bestattungen sowie später sekundäre Bestattungen, Verschnürungen und Verpackungen von Toten. So in der Michelsberger Kultur (etwa 4.300 bis 3.500 v. Chr.), Jordansmühler Kultur (etwa 4.300 bis 3.900 v. Chr.) in Mähren, Münchshöfener Kultur (etwa 4.300 bis 3.900 v. Chr.) in Bayern.

Grabbeigaben beobachtete man nur bei besser erhaltenen Skeletten. Womöglich sind die Beigaben bereits am Anfang der Bestattungszeremonien erfolgt und nur bei den Bestattungen erhalten geblieben, die bald nach ihrem Tod an ihre endgültige Ruhestätte gelangten. Bei der Ausrichtung der Leichen spielte die Himmelsrichtung keine Rolle. Es gab Einzelbestattungen, Doppelbestattungen und Mehrfachbestattungen (3, 4, 5 und 9 Leichen).

Mehr als 100 kreisrunde Vorratsgruben in der Mitte der späteren Nordfassade des Erdwerks der Salzmünder Kultur entpuppten sich bei der Ausgrabung als Gräberfeld der Schiepziger Gruppe. In einigen Gruben lagen sekundär bestattete menschliche Leichen und Körper von Hunden aus der Zeit um 4.000 v. Chr. Tote hat man teilweise in unterschiedlichen Verwesungszuständen in die Gruben gelegt. Teilweise waren sie zuvor anderswo beerdigt oder oberirdisch auf einem Gestell oder in einem Totenhaus aufgebahrt gewesen. Mitunter band man die Beine zusammen, bog sie extrem bis zum Rücken oder bis zum Bauch oder verpackte teilweise Körperregionen. Die Verschnürung von Körperteilen erleichterte den Transport des Leichnames vom primären zum sekundären Bestattungsort.

Zwölfmal stieß man in Salzmünde-Schiepzig auf Bestattungen von Hunden. Ein Hund wurde liebevoll in „Platz-Stellung" bestattet. Einem anderen Hund hatte man nach dem Tod die Läufe zusammengebunden. Ungewöhnliches stellte man bei einem zusammen mit einem Jugendlichen bestatteten Hund fest. Im Brustkorb des Tieres hatte man einen faustgroßen Stein deponiert. Hatte man etwa das Herz des Hundes entnommen und durch einen Stein ersetzt? Unter den Körpern eines Mannes und eines Jungen lagen die Skelette von zwei Hunden. Auch bei Dreifachbestattungen hatte man jeweils einen Hund mit beerdigt.

Einen Jugendlichen in Salzmünde-Schiepzig hat man mit einer Silexklinge und vier Pfeilspitzen bestattet. Drei der Pfeilspitzen waren herzförmig sowie 2,4, 4,3 und 5,3 Zentimeter lang. Die vierte Pfeilspitze war trapezförmig (Querschneider) und hatte die Maße 1,5 mal 1,3 Zentimeter. Ihr Besitzer litt unter einer krankhaften Veränderung des Schädels, die das Hirnwachstum einschränkte.

Ungewöhnliches beobachtete man in einer kleinen Grube mit einem Durchmesser von nur 1,15 Meter in Salzmünde-Schiepzig. Darin hatte man neben- und übereinander neun

Menschen bestattet. Fünf davon waren junge Erwachsene und vier Kinder bzw. Jugendliche. Keines der Skelette wies Spuren von Gewalt auf. Am Skelett eines neunjährigen Mädchens barg man einen Kettenstrang aus 56 durchbohrten Perlmuttscheiben.

Der Autor

Ernst Probst, geboren am 20. Januar 1946 in Neunburg vorm Wald im bayerischen Regierungsbezirk Oberpfalz, ist Journalist und Wissenschaftsautor. Er arbeitete von 1968 bis 1971 bei den „Nürnberger Nachrichten", von 1971 bis 1973 in der Zentralredaktion des „Ring Nordbayerischer Tageszeitungen" in Bayreuth und von 1973 bis 2001 bei der „Allgemeinen Zeitung", Mainz. In seiner Freizeit schrieb er Artikel für die „Frankfurter Allgemeine Zeitung", „Süddeutsche Zeitung", „Die Welt", „Frankfurter Rundschau", „Neue Zürcher Zeitung", „Tages-Anzeiger", Zürich, „Salzburger Nachrichten", „Die Zeit", „Rheinischer Merkur", „Deutsches Allgemeines Sonntagsblatt", „bild der wissenschaft", „kosmos", „Deutsche Presse-Agentur" (dpa), „Associated Press" (AP) und den „Deutschen Forschungs-dienst" (df). Aus seiner Feder stammen die Bücher „Deutsch-land in der Urzeit" (1986), „Deutschland in der Steinzeit" (1991), „Rekorde der Urzeit" (1992), „Dinosaurier in Deutschland" (1993 zusammen mit Raymund Windolf) und „Deutschland in der Bronzezeit" (1996). Von 2001 bis 2006 betätigte sich Ernst Probst als Buchverleger sowie zeitweise als inter-nationaler Fossilienhändler und Antiquitätenhändler. Insgesamt veröffentlichte er mehr als 300 Bücher, Taschenbücher, Broschüren und über 300 E-Books.

Bücher von Ernst Probst

(Auswahl)

Als Mainz im Meer lag
Als Mainz noch nicht am Rhein lag
Das Mammut- Mit Zeichnungen von Shuhei Tamura
Der Europäische Jaguar
Der Mosbacher Löwe. Die riesige Raubkatze aus Wiesbaden
Der Rhein-Elefant. Das Schreckenstier von Eppelsheim
Der Ur-Rhein. Rheinhessen vor zehn Millionen Jahren
Deutschland im Eiszeitalter
Deutschland in der Frühbronzezeit
Deutschland in der Mittelbronzezeit
Deutschland in der Spätbronzezeit
Die Aunjetitzer Kultur in Deutschland
Die Straubinger Kultur in Deutschland
Die Singener Gruppe
Die Arbon-Kultur in Deutschland
Die Ries-Gruppe und die Neckar-Gruppe
Die Adlerberg-Kultur
Der Sögel-Wohlde-Kreis
Die nordische Bronzezeit in Deutschland
Die Hügelgräber-Kultur in Deutschland
Die ältere Bronzezeit in Nordrhein-Westfalen
Die Bronzezeit in der Lüneburger Heide
Die Stader Gruppe
Die Oldenburg-emsländische Gruppe
Die Urnenfelder-Kultur in Deutschland

Die ältere Niederrheinische Grabhügel-Kultur
Die Unstrut-Gruppe
Die Helmsdorfer Gruppe
Die Saalemündungs-Gruppe
Die Lausitzer Kultur in Deutschland
Die Dolchzahnkatze Megantereon
Die Dolchzahnkatze Smilodon
Die Säbelzahnkatze Homotherium
Die Säbelzahnkatze Machairodus
Die Schweiz in der Frühbronzezeit
Die Rhône-Kultur in der Westschweiz
Die Arbon-Kultur in der Schweiz
Die Schweiz in der Mittelbronzezeit
Die Schweiz in der Spätbronzezeit
Dinosaurier von A bis K. Von Abelisaurus bis zu Kritosaurus
Dinosaurier von L bis Z. Von Labocania bis zu Zupaysaurus
Der rätselhafte Spinosaurus. Leben und Werk des Forschers Ernst Stromer von Reichenbach
Eiszeitliche Geparde in Deutschland
Eiszeitliche Leoparden in Deutschland
Höhlenlöwen. Raubkatzen im Eiszeitalter
Hermann von Meyer. Der große Naturforscher aus Frankfurt am Main
Johann Jakob Kaup. Der große Naturforscher aus Darmstadt
Krallentiere am Ur-Rhein
Neues vom Ur-Rhein. Interview mit dem Geologen und Paläontologen Dr. Jens Sommer
Österreich in der Frühbronzezeit

Österreich in der Mittelbronzezeit
Österreich in der Spätbronzezeit
Raub-Dinosaurier von A bis Z. Mit Zeichnungen von
Dmitry Bogdanav und Nobu Tamura
Rekorde der Urmenschen. Erfindungen, Kunst und
Religion
Rekorde der Urzeit. Landschaften, Pflanzen und Tiere
Säbelzahnkatzen. Von Machairodus bis zu Smilodon
Säbelzahntiger am Ur-Rhein. Machairodus und
Paramachairodus
Was ist ein Menhir? Interview mit dem Mainzer
Archäologen Dr. Detert Zylmann
Wer ist der kleinste Dinosaurier? Interviews mit dem
Wissenschaftsautor Ernst Probst
Wer war der Stammvater der Insekten? Interview mit dem
Stuttgarter Biologen und Paläontologen Dr. Günther
Bechly
6000 Jahre Kastel. Von der Steinzeit bis zum 21.
Jahrhundert
5000 Jahre Kostheim. Von der Steinzeit bis zum 21.
Jahrhundert
Kastel in der Vorzeit. Von der Jungsteinzeit bis Christi
Geburt
Kostheim in der Vorzeit. Von der Jungsteinzeit bis Christi
Geburt
Wiesbaden in der SteinzeitAnno 1.000.000. Deutschland in
der älteren Altsteinzeit
Das Protoacheuléen. Eine Kulturstufe der Altsteinzeit vor
etwa 1,2 Millionen bis 600.000 Jahren
Das Altacheuléen. Eine Kulturstufe der Altsteinzeit vor etwa
600.000 bis 350.000 Jahren
Das Jungacheuléen. Eine Kulturstufe der Altsteinzeit vor etwa

350.000 bis 150.000 Jahren
Das Spätacheuléen. Eine Kulturstufe der Altsteinzeit vor etwa
150.000 bis 100.000 Jahren
Die Lanze von Lehringen. Ein Jahrhundertfund aus der Altsteinzeit
Das Moustérien – Die große Zeit der Neanderthaler
Das Aurignacien. Eine Kulturstufe der Altsteinzeit vor etwa 40.000 bis 31.000 Jahren
Das Gravettien. Eine Kulturstufe der Altsteinzeit vor etwa 35.000 bis 24.000 Jahren
Das Magdalénien. Die Blütezeit der Rentierjäger vor etwa 18.000 bis 14.000 Jahren
Die Hamburger Kultur. Eine Kulturstufe der Altsteinzeit vor etwa 15.700 bis 14.200 Jahren
Die Federmesser-Gruppen. Eine Kulturstufe der Altsteinzeit vor etwa 14.000 bis 12.800 Jahren
Das Steinzeit-Grab von Bonn-Oberkassel. Ein rätselhafter Fund aus der Zeit der Federmesser-Gruppen
Die Ahrensburger Kultur. Eine Kulturstufe der Altsteinzeit vor etwa 12.700 bis 11.650 Jahren
Die Altsteinzeit in Österreich., Jäger und Sammler vor 250.000 bis 10.000 Jahren
Das Jungacheuléen in Österreich
Das Moustérien in Österreich
Das Aurignacien in Österreich
Das Gravettien in Österreich
Das Magdalénien in Österreich
Das Magdalénien in der Schweiz
Die Mittelsteinzeit
Deutschland in der Mittelsteinzeit
Die Mittelsteinzeit in Baden-Württemberg
Die Mittelsteinzeit in Bayern

Die Mittelsteinzeit in Rheinland-Pfalz
Die Mittelsteinzeit in Hessen
Die Mittelsteinzeit in Nordrhein-Westfalen
Die Mittelsteinzeit in Niedersachsen
Die Mittelsteinzeit in Thüringen, Sachsen-Anhalt, Sachsen und im südlichen Brandenburg
Die Mittelsteinzeit in Schleswig-Holstein, Mecklenburg und im nördlichen Brandenburg
Die ersten Bauern in Deutschland. Die Linienbandkeramische Kultur (5.500 bis 4.900 v. Chr.)
Die Ertebölle-Ellerbek-Kultur. Eine Kultur der Jungsteinzeit vor etwa 5.000 bis 4.300 v. Chr.
Die Stichbandkeramik. Eine Kultur der Jungsteinzeit vor etwa 4.900 bis 4.500 v. Chr.
Die Oberlauterbacher Gruppe. Eine Kulturstufe der Jungsteinzeit vor etwa 4.900 bis 4.500 v. Chr.
Die Hinkelstein-Gruppe. Eine Kulturstufe der Jungsteinzeit vor etwa 4.900 bis 4.800 v. Chr.
Die Rössener Kultur. Eine Kultur der Jungsteinzeit vor etwa 4.600 bis 4.300 v. Chr.
Die Kupferzeit. Wie die ersten Metalle in Mitteleuropa bekannt wurden
Die Michelsberger Kultur. Eine Kultur der Jungsteinzeit vor etwa 4.300 bis 3.500 v. Chr.
Das Rätsel der Großsteingräber. Die nordwestdeutsche Trichterbecher-Kultur vor etwa 4.300 bis 3.000 v. Chr.
Die Baalberger Kultur. Eine Kultur der Jungsteinzeit vor etwa 4.300 bis 3.700 v. Chr.
Pfahlbauten in Süddeutschland. Dörfer der Jungsteinzeit und Bronzezeit an Seen, Mooren und Flüssen
Die Altheimer Kultur / Die Pollinger Gruppe. Zwei

Kulturen der Jungsteinzeit vor etwa 3.900 bis 3.500 v. Chr.
Die Salzmünder Kultur. Eine Kultur der Jungsteinzeit vor etwa 3.700 bis 3.200 v. Chr.
Die Chamer Gruppe. Eine Kulturstufe der Jungsteinzeit vor etwa 3.500 bis 2.800 v. Chr.
Die Wartberg-Kultur. Eine Kultur der Jungsteinzeit vor etwa 3.500 bis 2.800 v. Chr.
Die Walternienburg-Bernburger Kultur. Eine Kultur der Jungsteinzeit vor etwa 3.200 bis 2.800 v. Chr.
Die Kugelamphoren-Kultur. Eine Kultur der Jungsteinzeit vor etwa 3.100 bis 2.700 v. Chr.
Die Schnurkeramischen Kulturen. Kulturen der Jungsteinzeit von etwa 2.800 bis 2.400 v. Chr.
Die Einzelgrab-Kultur. Eine Kultur der Jungsteinzeit vor etwa 2.800 bis 2.300 v. Chr.
Die Schönfelder Kultur. Eine Kultur der Jungsteinzeit vor etwa 2.800 bis 2.200 v. Chr.
Die Glockenbecher-Kultur. Eine Kultur der Jungsteinzeit vor etwa 2.500 bis 2.200 v. Chr.
Die ersten Bauern in Österreich. Die Linienbandkeramische Kultur vor etwa 5.500 bis 4.900 v. Chr.
Die Lengyel-Kultur in Österreich. Eine Kultur der Jungsteinzeit vor etwa 4.900 bis 4.400 v. Chr.
Die Mondsee-Gruppe. Eine Kulturstufe der Jungsteinzeit vor etwa 3.700 bis 2.900 v. Chr.
Die Badener Kultur in Österreich. Eine Kultur der Jungsteinzeit vor etwa 3.600 bis 2.900 v. Chr.
Die ersten Pfahlbauten in der Schweiz. Die Anfänge der Pfahlbauforschung und die Egolzwiler Kultur
Die Cortaillod-Kultur. Eine Kultur der Jungsteinzeit vor etwa 4.000 bis 3.500 v. Chr.

Die Pfyner Kultur in der Schweiz. Eine Kultur der Jungsteinzeit vor etwa 4.000 bis 3.500 v. Chr.
Die Horgener Kultur in der Schweiz. Eine Kultur der Jungsteinzeit vor etwa 3.500 bis 2.800 v. Chr.
Die Schnurkeramiker in der Schweiz. Eine Kultur der Jungsteinzeit vor etwa 2.800 bis 2.400 v. Chr.